Patrick MUPOYI KAZADI
Henock NGOYI CILOMBO
François TSHILUMBA BILENGI

Problemas de manutenção dos camiões diesel em Mbujimayi

Patrick MUPOYI KAZADI
Henock NGOYI CILOMBO
François TSHILUMBA BILENGI

Problemas de manutenção dos camiões diesel em Mbujimayi

Montagem e organização de uma garagem moderna no mercado SIMIS

ScienciaScripts

This book is a translation from the original published under ISBN 978-620-6-69367-3.

Publisher:
Sciencia Scripts
is a trademark of
Dodo Books Indian Ocean Ltd. and OmniScriptum S.R.L publishing group

120 High Road, East Finchley, London, N2 9ED, United Kingdom
Str. Armeneasca 28/1, office 1, Chisinau MD-2012, Republic of Moldova, Europe
Printed at: see last page
ISBN: 978-620-6-51715-3

INTRODUÇÃO

Embora a República Democrática do Congo possua potencialidades naturais e humanas verdadeiramente reconhecidas, o seu baixo nível de desenvolvimento coloca-a entre os países menos desenvolvidos. Análises recentes apontam para a conclusão de que uma das estratégias a privilegiar seria uma verdadeira promoção do sector privado como motor da luta contra a pobreza e do regresso ao crescimento, tendo em vista um desenvolvimento humano sustentável e duradouro. Desde há vários anos, o governo tem vindo a aplicar uma estratégia global de ajustamento estrutural e de estabilização financeira para incentivar a poupança e o investimento e, para o efeito, pretende aumentar o número de investidores nacionais e estrangeiros.Os camiões automóveis estão a tornar-se cada vez mais importantes no Congo, nomeadamente para o transporte de mercadorias dos seus centros de produção para os grandes centros de consumo, que são geralmente as grandes cidades do país.Com um crescimento anual superior a 88%, o parque automóvel do Congo vale milhares de milhões. O sector é florescente, o mercado é suculento. Há oferta para todos, consoante o ramo de atividade. Do profissional ao informal. Mas o Estado é o mais satisfeito. Sem fazer mais nada para além de carregar no acelerador da pressão fiscal, fica com a parte de leão. A cidade de Mbujimayi, na RDC, também está envolvida no mercado da reparação e manutenção de camiões, uma vez que é um dos principais centros de consumo acima referidos. Nesta cidade, as oficinas de reparação de camiões a diesel para o público em geral são quase inexistentes, apesar das poucas unidades de reparação de camiões exploradas por algumas das principais empresas da cidade, como a MIBA, a OR e a OVD, para citar apenas algumas. Esta situação faz com que a situação socioeconómica a nível nacional, e mais particularmente nas regiões, seja marcada por uma insuficiente criação de emprego. É um d o s desafios que se colocam ao desenvolvimento de Madagáscar. Nesta perspetiva, o objetivo do nosso estudo é contribuir para a evolução do emprego e da economia da região. Por um lado, existe um movimento significativo de veículos, caracterizado principalmente por camiões de mercadorias que necessitam de manutenção frequente. Por outro lado, a oferta da região é constituída apenas pelos serviços de uma pequena oficina desorganizada, incapaz de satisfazer os clientes e obrigando-os a procurar outros locais.

1. GERAL

1.1. APRESENTAÇÃO DE UMA OFICINA DE REPARAÇÃO DE VEÍCULOS

1.1.1. Definição

Uma oficina é uma sala ou espaço dedicado ao fabrico numa fábrica. Uma oficina de reparação está frequentemente associada a um fabricante de automóveis, cujo objetivo é aumentar a produtividade através da estruturação das oficinas e da definição precisa das tarefas de cada membro do pessoal, de modo a que não se sobreponham.

1.1.2. História da oficina

As oficinas de reparação surgiram e multiplicaram-se em todo o mundo ao mesmo tempo que o automóvel, que começou a vulgarizar-se no início do século XX, passando do estatuto de curiosidade muito dispendiosa para o de artigo de grande consumo, progressivamente acessível ao maior número de pessoas. Originalmente, a oficina foi o primeiro local especificamente concebido para a atividade industrial. Instalada nas cidades, mas também no campo, albergava as actividades de pequenas empresas familiares e individuais, que trabalhavam principalmente com géneros alimentícios, tecidos, aparas e madeira. O pessoal era geralmente reduzido: o proprietário trabalhava com os seus trabalhadores (um ou dois) e eventuais aprendizes. A oficina (l'Astelier), derivada da palavra antiga Estelle que significa "pedaço de madeira", é um local onde se trabalha a madeira e torna-se o local de criação do artesanato e das artes plásticas. Designa também o grupo de pessoas que trabalham sob a direção de um mestre.

1.1.3. Descrição da oficina

Uma oficina de reparação de veículos é essencialmente composta por dois compartimentos de partes abaixo:

1.1.2.1. Superfícies não construídas

Estas áreas incluem principalmente lugares de estacionamento para clientes, armazéns de peças sobresselentes e veículos à espera de reparação, veículos de clientes reparados, veículos novos e usados, veículos do pessoal, veículos de visitantes, tais como representantes de vendas, reboques, veículos de recolha de lixo.

1.1.3.2. Zonas edificadas

Estas superfícies são essencialmente ocupadas por divisões que precisam de ser espaçosas, bem iluminadas, ventiladas, aquecidas e de fácil acesso... é assim que as divisões são planeadas:

• Para salas de escritório: 6 m² por pessoa.

• Para a receção e o serviço de apoio ao cliente: a sua localização deve ser óbvia.

• Para a sala de espera do cliente: deve ser espaçosa, confortável, decorada, documentada, equipada...

• Para a loja de peças sobresselentes, vários pontos de acesso distintos:clientes, mecânicos, agentes.

• Para a oficina de reparação, que está dividida em várias zonas: reparações rápidas, intervenções mais longas, carroçaria, pintura, eletricidade, afinações, etc.

• Para salas auxiliares, resíduos, zona de lavagem, compressores, vestiários pessoais, casas de banho, etc.

1.1.4. Atribuição e circulação

O departamento de planeamento é responsável por apoiar a divisão de engenharia mecânica na gestão racional de todos os seus serviços. O objetivo é assegurar a maior disponibilidade possível das unidades de transformação, dos motores térmicos e das centrais hidroeléctricas, bem como uma utilização aceitável das máquinas da oficina central. Para tal, o departamento de planeamento deve assegurar o preenchimento de várias fichas de trabalho para todos os departamentos, que constituirão uma base de dados muito importante para o departamento:

• As folhas de relatório diário, que resumem as actividades de cada serviço;

• As fichas de ponto alto da semana, que incluem, para cada serviço, uma lista dos trabalhos importantes efectuados e das dificuldades encontradas;

• Os inquéritos às fábricas fornecem informações sobre o estado dos conjuntos e subconjuntos da fábrica em serviço.

A análise de todas estas fichas permite ao departamento de planeamento identificar os pontos fracos de cada departamento, onde é necessário tomar as medidas adequadas para atingir os objectivos estabelecidos. Estas acções podem ser internas ao departamento e envolver diretamente o seu gestor (por exemplo: verificação regular de máquinas com problemas, preparação laboriosa de trabalhos de manutenção, etc.) ou externas (aceleração de determinadas encomendas, necessidade de pessoal qualificado, etc.) e podem requerer o apoio da direção.

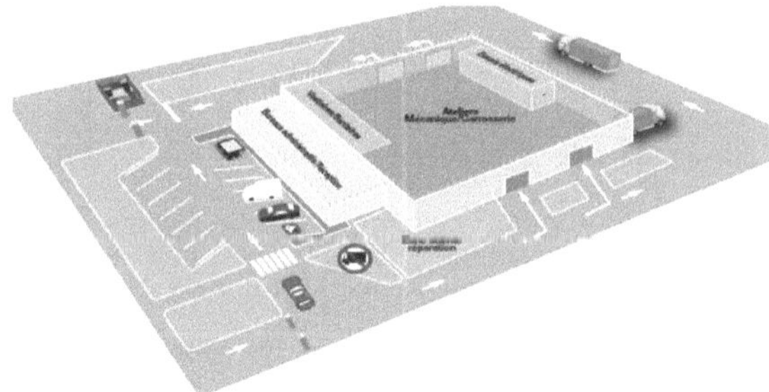

Figura 1: Espaços e circulação numa oficina de reparação

1.1.5. Equipamento utilizado numa oficina de reparação

Estes materiais são geralmente agrupados em duas categorias:

• Equipamento principal: inclui geralmente todo o equipamento utilizado para operações delicadas, como estações de elevação, mudanças de óleo e massa lubrificante, verificações do alinhamento das rodas, montagem e calibragem de pneus, verificações eléctricas, diagnósticos, equipamento de manuseamento (gruas, macacos), elevadores, estações de soldadura.

• Pequeno equipamento: categoria de equipamento constituída por ferramentas e ferramentas especializadas.

1.1.6. Condições e ambiente de trabalho

O trabalho efectuado nas oficinas de reparação automóvel e, de um modo mais geral, nas oficinas de automóveis, expõe os trabalhadores a numerosos riscos de acidente ou de doença. Estes incluem :

• Os danos pessoais podem resultar do manuseamento, da utilização de ferramentas manuais, do trabalho na zona de inspeção, de pisos desordenados (quedas ao mesmo nível), etc...

• As doenças podem ser causadas por vários poluentes a que as pessoas que trabalham na garagem estão expostas: vapores de gasolina, gases de escape (incluindo monóxido de carbono e fumos de gasóleo), aerossóis de tinta, poeiras de lixagem (exposição respiratória), gorduras de mudança de óleo.

Alguns destes poluentes são cancerígenos, mutagénicos ou tóxicos para a reprodução, pelo que temos de tomar as medidas necessárias para nos protegermos deles (por exemplo, usar luvas, ventilar os gases de escape para o exterior, pintar numa cabina ventilada, etc.). As empresas são obrigadas a elaborar um documento único de avaliação dos riscos, que identifica os riscos a que os trabalhadores estão expostos e enumera as medidas preventivas. Em suma, num sentido muito geral, o ambiente refere-se a todos os elementos que constituem o meio em que o homem vive.

1.1.7. Categorias de pessoal do seminário

A hierarquia de uma oficina de reparação automóvel é composta por 2 categorias de pessoal:

• Pessoal de supervisão: este tipo de pessoal é geralmente constituído por gestores que, na maioria dos casos, são responsáveis pela gestão dos vários departamentos da oficina para atingir os objectivos que lhe são atribuídos. Estes incluem: Diretor Geral, Diretor Comercial, Diretor Técnico, Diretor Financeiro.

• Pessoal administrativo: são os agentes, os trabalhadores e, por vezes, os gestores responsáveis pela execução ou pelo controlo das diferentes tarefas nos vários serviços. Incluem frequentemente os secretários executivos, administrativos, comerciais e de gestão financeira. Chefes de equipa, recepcionistas, preparadores, mecânicos, armazenistas, vendedores...

1.1.8. Procedimentos e normas de funcionamento das oficinas

O departamento de oficinas mecânicas é um dos maiores do departamento de serviços de manutenção, parte da divisão eletromecânica, o que faz dele um departamento técnico fundamental. Este departamento é responsável pelo fornecimento de unidades de processamento para equipamento mineiro, motores térmicos (parte mecânica), todos os veículos utilitários, etc. Para além deste aspeto relacionado com a produção, o departamento de oficinas mecânicas de uma grande empresa também se ocupa de todos os aspectos da mecânica geral ligados aos vários locais de construção.

1.2. INFORMAÇÕES GERAIS SOBRE CAMIÕES A DIESEL

1.2.1. Camião a diesel

Um camião é um veículo a motor com peso superior a 3,5 toneladas, vulgarmente conhecido como veículo pesado de mercadorias, utilizado para o transporte rodoviário de mercadorias. Tecnicamente, o camião difere do veículo ligeiro, principalmente em termos de carga por eixo e de dimensões. Assim sendo, uma vez que um camião é chamado a suportar cargas pesadas, tem necessariamente de estar equipado com um motor de alta potência para movimentar a carga de forma adequada. O motor diesel, conhecido pela sua elevada capacidade neste sentido, é utilizado em todos os camiões; daí o nome "camião diesel", apenas para aludir ao tipo de motor utilizado para mover os camiões.

1.2.2. História

Historicamente, no seu sentido moderno, foi o Fardier de Cugnot (um fardier é uma carruagem utilizada para transportar um "fardo"), criado em 1769, que surgiu como o primeiro veículo motorizado capaz de transportar várias toneladas de carga. Em 1879 e 1880, Amédée Bollée construiu uma pequena série de comboios rodoviários a vapor com 100 CV e capacidade para 100 toneladas, os primeiros veículos motorizados para transporte rodoviário de mercadorias. O primeiro camião moderno seria inventado em 1896 por Gottlieb Daimler. Vários fabricantes, entre os quais Marius Berliet, continuaram a produzir este tipo de veículo, que se desenvolveu ao ritmo de numerosas inovações técnicas: rodas duplas, etc. em 1908, transmissão, travagem, suspensão, quinta roda, etc.Muitas das principais marcas de camiões são europeias, como a MAN e a Mercedes na Alemanha, a Steyr na Áustria, a Iveco em Itália, a Renault Trucks (anteriormente Berliet - Saviem, depois Renault Véhicules Industriels, atualmente parte do grupo Volvo) em França, a DAF nos Países Baixos, a Volvo e a Scania na Suécia.Nos Estados Unidos, as principais marcas são a Chevrolet, a Ford e a GMC para camiões de gama média, camiões ligeiros e pick-ups; a Freightliner LLC, a International, a Kenworth, a Mack, a Peterbilt, a Sterling, a Volvo e a Western Star para camiões pesados. No Japão, as principais marcas são as seguintes: Hino (Toyota), Isuzu, Mitsubishi e Nissan (camiões médios, ligeiros e pick-up).

1.2.3. Descrição

Quase todos os camiões partilham uma estrutura comum, constituída por: um chassis, uma cabina, um espaço para carregar mercadorias ou equipamentos, eixos, suspensões e rodas, um motor e uma transmissão, bem como acessórios pneumáticos, como um apanhador de cerejas; sistemas hidráulicos, como uma grua auxiliar e uma porta traseira, multibolsas; sistemas eléctricos, como um farol rotativo, uma luz de trabalho e uma buzina, podem também estar presentes. Trata-se de máquinas complexas.

1.2.3.1. Cabine

A cabina é um espaço fechado onde se senta o condutor. Pode também haver um compartimento anexo à cabina onde o condutor pode descansar enquanto outro condutor conduz, ou onde o(s) condutor(es) está(ão) a descansar.

• Cabina avançada

Uma cabina avançada, ou "nariz plano", é uma cabina em que o banco do condutor está acima do eixo dianteiro, com o motor por baixo. Para aceder ao motor, toda a cabina se inclina para a frente. Este tipo de cabina é particularmente adequado para as condições de entrega na Europa, onde muitas estradas seguem trajectos e caminhos muito mais antigos que exigem uma capacidade adicional de viragem da cabina. Viktor Schreckengost é responsável pelo design avançado da cabina.

• Cabina convencional

Uma cabina convencional, ou uma cabina com capota, ou uma cabina com beliche, é uma cabina em que o posto do condutor está localizado atrás do compartimento do motor e não acima do eixo dianteiro. Este tipo de cabina elimina a necessidade de uma cobertura do motor, que está frequentemente presente nas cabinas dianteiras. Nos modelos mais antigos do outro lado do Atlântico, a zona de dormir é uma célula suplementar que pode ser instalada à medida das necessidades e, nos modelos mais recentes, está agora integrada no resto da cabina.

1.2.4. Modelo e configuração

Os camiões existem em muitos modelos diferentes, consoante o tipo de mercadorias transportadas. Devem respeitar uma regulamentação muito precisa. Em França, são também designados por "veículos pesados de mercadorias" (PTAC superior a 3,5 toneladas).

Existem várias configurações possíveis:

• Um transitário ao qual está por vezes ligado um reboque;

• Um trator com um semirreboque atrelado.

Em França, os maiores camiões são designados "convois exceptionnels" quando têm de circular em estradas abertas ao tráfego público e excedem as dimensões ou tonelagens autorizadas pelo código da estrada. O maior camião mineiro do mundo, um camião basculante, é o Liebherr T 282B.

1.2.4.1. Transportadora

Comummente designado por "rígido" na gíria profissional, o transitário tem no mesmo chassis a cabina e um volume de carga para o transporte de mercadorias. Este volume pode ser uma plataforma, uma cisterna, um reboque ou um camião basculante, uma carroçaria flexível (Savoyarde ou PLSC) ou uma carroçaria rígida (furgão); esta última pode ser amovível. Pode ser acoplado um reboque para aumentar a capacidade do veículo, mas a tonelagem não deve exceder 44 toneladas. Muitos transitários são veículos de entrega urbana ou regional. (mensagens, distribuição).

1.2.4.2. Trator semirreboque

O trator é a unidade de tração, composta por chassis, motor e cabina, à qual é acoplado um semirreboque; este conjunto forma um veículo articulado, vulgarmente designado por veículo "articulado" na gíria comercial. Existem diferentes tipos de semirreboque: cisterna, furgão frigorífico, plataforma, lona, Savoyard, porta-contentores, porta-vidros, etc.

Figura 2: Trator de semirreboque

Os camiões são igualmente adaptados a actividades específicas: carga, descarga e transporte de toros ou de outros materiais (areia, pós, líquidos, resíduos metálicos para reprocessamento, resíduos minerais ou orgânicos inertes ou em decomposição). São depois equipados com gruas, compressores ou bombas para levantar, aspirar ou empurrar as cargas para o seu local de armazenamento ou de utilização.

1.2.5. Tipos de camiões

Existem vários tipos de camiões, alguns dos quais são brevemente descritos a seguir:

1.2.5.1. Camião cisterna

O camião-cisterna, com a sua cisterna, é utilizado para o transporte de produtos líquidos ou gasosos, nomeadamente para a indústria química e alimentar. Em função dos produtos transportados, o camião-cisterna pode ter cisternas muito diferentes.

Figura 3: camião-cisterna

1.2.5.2.   Camião basculante

Este camião retilíneo é utilizado para todos os tipos de obras públicas e de construção de estradas. Consoante a aplicação, o equipamento pode ser muito variado. Pode ser equipado com um a três contentores, mais uma grua auxiliar que pode ser instalada num chassis ou na cabina do camião. É normalmente utilizado para transportar areia, terra, cascalho...

Figura 4: camião basculante

1.2.5.3. Camião frigorífico

Muito utilizado para o transporte de produtos perecíveis, o camião frigorífico possui uma caixa isotérmica equipada com um gerador para a produção de frio. Este camião pode ser utilizado para transportar mercadorias perecíveis em longas distâncias, bem como outros produtos sensíveis ao calor (por exemplo, produtos químicos). A temperatura no interior da caixa isotérmica pode ser regulada entre -25°C e +25°C.

Figura 5: camião frigorífico

1.2.5.4. Camião Ampli roll

O camião Ampli Roll está equipado com um sistema de braço articulado. Isto permite que o transportador seja equipado com diferentes carroçarias para se adaptar a diferentes necessidades. As carroçarias podem ser basculantes, tabuleiros ou contentores.

Figura 6: Camião Ampli Roll

1.2.5.5. Camião de caixa aberta

Este pesado é um camião de transporte concebido para transportar produtos volumosos, mesmo longos (vigas, automóveis, etc.). O camião está equipado com painéis laterais para manter as mercadorias no lugar.

Figura 7: Camião-plataforma

1.2.5.6. Camião cisterna

O camião-cisterna é dedicado a comboios excepcionais com dimensões e pesos não normalizados (peças de avião, por exemplo).

Figura 8: Camião cisterna

1.2.5.7. Camião furgão

O camião furgão é um camião equipado com uma carroçaria furgão. É utilizado para transportar mercadorias ou equipamentos. A carroçaria pode ser refrigerada para o transporte de alimentos congelados, por exemplo.

Figura 9: camião furgão

O mercado dos camiões cresce todos os anos e existem muitas variantes de cada modelo, porque as necessidades não são necessariamente as mesmas, consoante o objetivo ou o país.

1.2.6. Os principais circuitos mecânicos dos automóveis

Uma vez sentados confortavelmente e com o motor a trabalhar, poucos utilizadores se interrogam sobre o que se passa debaixo do capot do seu camião. No entanto, à sua frente e sob os seus pés, tem lugar um ciclo mecânico impressionante, em que o sistema de escape redirecciona os gases de combustão para a traseira do veículo e, quase imediatamente, o circuito de arrefecimento gere o aumento da temperatura do motor para evitar o sobreaquecimento. Finalmente, quando ativado a partir do painel de instrumentos, o ar condicionado do veículo apoia-se num circuito complexo com numerosos componentes mecânicos para dar um toque de frescura ao ar ambiente.

1.2.6.1. O sistema de escape

O sistema de escape dos automóveis modernos não só impede que os gases de escape entrem no compartimento dos passageiros, como também garante que a visão do condutor para a estrada não seja prejudicada. Para o efeito, os gases produzidos pela combustão do combustível no motor são canalizados para o tubo de escape através de vários mecanismos. Depois de serem parcialmente filtrados, os gases de escape são expelidos para a atmosfera, o que, infelizmente, contribui para a poluição atmosférica.

1.2.6.2. O circuito de arrefecimento

Para além de reduzir a temperatura do motor quando necessário, o sistema de arrefecimento também regula a pressão do motor. Para o efeito, é utilizado um componente mecânico do bloco do motor: a tampa do reservatório de expansão. Esta actua como um estabilizador, para evitar que o líquido de refrigeração se expanda.

1.2.6.3. Ar condicionado

Ao contrário do que se possa pensar, quando se sente o habitáculo a aquecer ou a arrefecer através das mesmas saídas de ar, os circuitos de aquecimento e de ar condicionado não são de todo a mesma coisa. Enquanto o sistema de aquecimento recupera a água do circuito de arrefecimento, o ar condicionado funciona pressurizando e fazendo circular um gás refrigerante através de vários mecanismos. Estas diferentes fases são utilizadas para obter uma reação química denominada permuta, que tem como efeito direto o arrefecimento do ar ambiente.

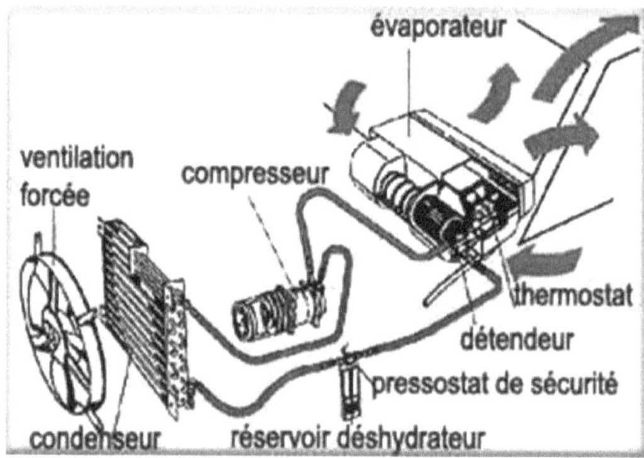

Figura 10: Circuito de ar condicionado

1.2.7. A unidade de tração

O conjunto de componentes utilizados para mover um veículo é conhecido como grupo motopropulsor. Em termos simples, esta cadeia é composta pelo motor, a embraiagem, a caixa de velocidades e as rodas.

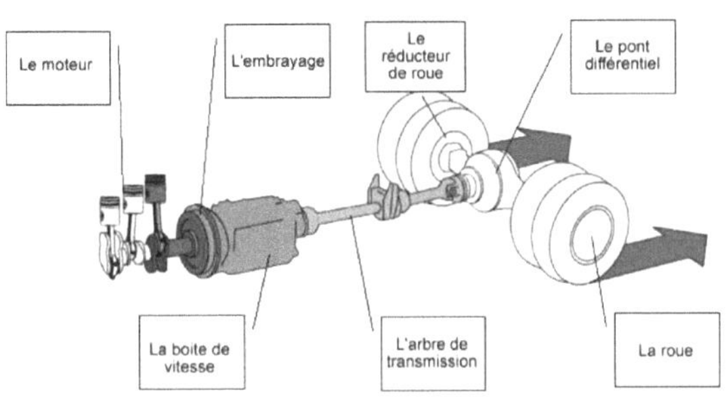

Figura 11: Linha de tração do camião

1.2.7.1. Funções dos diferentes componentes

ELEMENTOS/FUNÇÕES DA FIGURA

O motor: transforma a energia química térmica presente no combustível e no ar em energia mecânica.

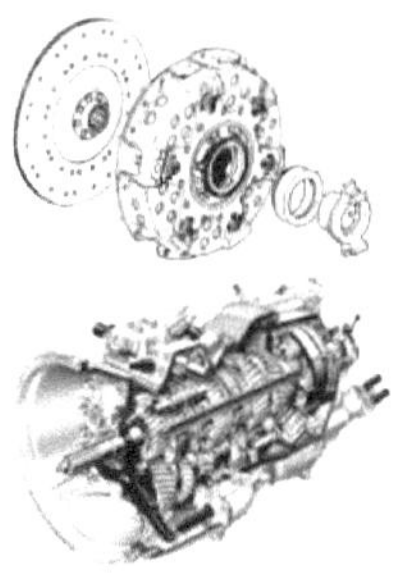

Embraiagem: liga ou desliga o motor da transmissão e põe o veículo em movimento em caso de patinagem.

Caixa de velocidades: adapta o binário do motor ao binário de resistência (ar, inclinação, rolamento, carga)

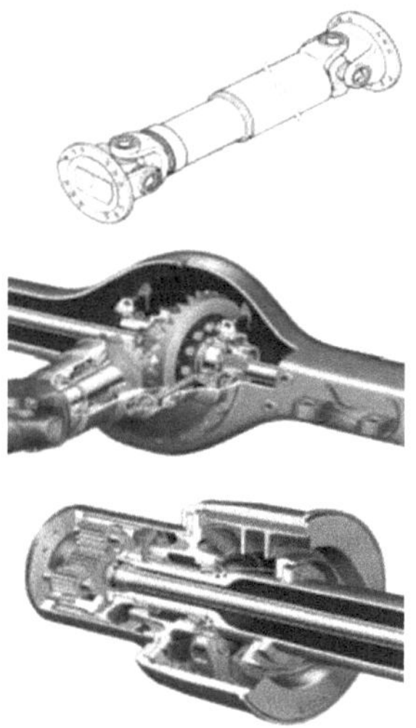

Eixo de transmissão: transmite a potência da caixa de velocidades para o eixo diferencial

Eixo diferencial: transforma o movimento de rotação ao longo do eixo do motor/caixa de velocidades em movimento de rotação ao longo do eixo do eixo. Permite igualmente obter uma velocidade diferente da roda esquerda/direita para evitar o bloqueio em curva.

Redutor de rodas: reduz a velocidade de rotação e aumenta o binário transmitido às rodas

Rodas: o último elo da cadeia, transmitem o movimento ao solo, transformando a rotação em movimento retilíneo.

2. MANUTENÇÃO AUTOMÓVEL

2.1. TRABALHOS DE MANUTENÇÃO

A manutenção é uma função essencial da empresa. Contribui para manter equipamentos cada vez mais complexos e dispendiosos em condições óptimas de funcionamento, preservando ou mesmo melhorando a produtividade, a qualidade e a conformidade dos produtos e garantindo a segurança dos sistemas e do pessoal. As actividades de manutenção são muito propensas a acidentes e representam um dos maiores factores de risco para os operadores. As operações de manutenção, embora devam ser cuidadosamente preparadas, só podem ser efectuadas por pessoal qualificado e equipado com as ferramentas adequadas. A escolha do equipamento não isenta o empregador da sua obrigação de organizar os trabalhos de manutenção.

2.2. RESOLUÇÃO DE PROBLEMAS

2.2.1. Objectivos

A resolução de problemas tem os seguintes objectivos:

• Observar os sintomas e, por dedução, descobrir a origem do mau funcionamento do sistema.

• Utilizar facilmente documentos técnicos, elaborar diagnósticos e resolver problemas.

2.2.2. Recursos de resolução de problemas

Para encontrar uma avaria, são utilizados vários meios, que podem ser consumíveis, materiais ou documentos:

• Documentação técnica do veículo ;

• O equipamento necessário para resolver o problema.

2.2.3. Passos para a resolução de problemas

Os passos a seguir na resolução de problemas são ilustrados no diagrama abaixo:

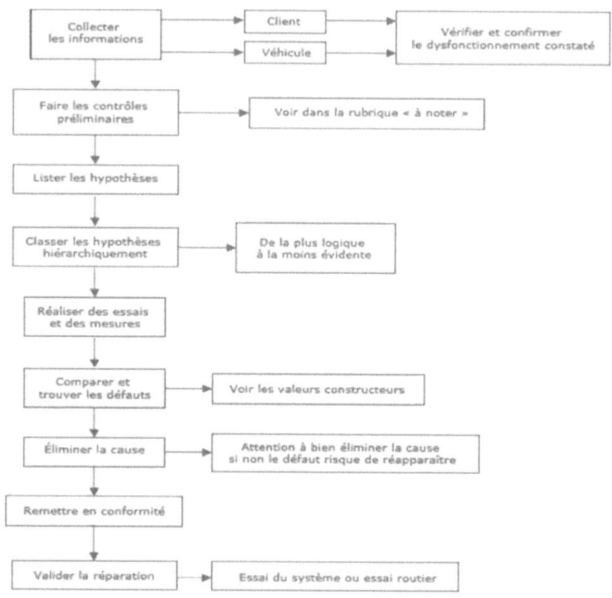

Para recolher informações do cliente, é boa ideia fazer perguntas. perguntas pertinentes :

- Qual é o defeito?

- Quem é o principal impulsionador?

- Quem detectou o defeito? quem tocou no veículo? (Cliente, oficina, outro)

- Onde é que isso aconteceu? Que tipo de estrada?

- Quando ocorre o problema (manhã, noite, tempo chuvoso, etc.)

?), quando é que isso aconteceu pela primeira vez?

- Em que circunstâncias?

- Com que frequência é que isto acontece?

- Consome quantidades anormais de óleo ou de gasolina? Para começar a resolver o problema, é necessário :

• Conhecer o funcionamento do sistema ;

• Identificar os elementos que podem estar envolvidos;

• Conhecer a disposição dos elementos ;

• Saber quais as ferramentas que posso utilizar ;

• Saber controlar os elementos envolvidos.

2.3.IDENTIFICAR E SELECCIONAR FERRAMENTAS

2.3.1. Objectivos

• Propor uma lista das ferramentas mínimas necessárias para realizar uma tarefa simples;

• Estar familiarizado com equipamento específico para tarefas mais complexas.

2.3.2. Recursos

• Catálogos de ferramentas ou um computador com ligação à Internet para selecionar os materiais necessários

• Elaborar uma lista de custos das ferramentas a adquirir

• Uma caixa de ferramentas.

2.3.3. Ferramentas standard

As ferramentas normais são suficientes para operações simples. Existem muitos tipos diferentes de ferramentas, cada uma com a sua utilização específica. As ferramentas mais comuns incluem :

2.3.3.1. As chaves

Utilizado para apertar e desapertar porcas e parafusos. Existem vários modelos disponíveis, como mostra a figura abaixo:

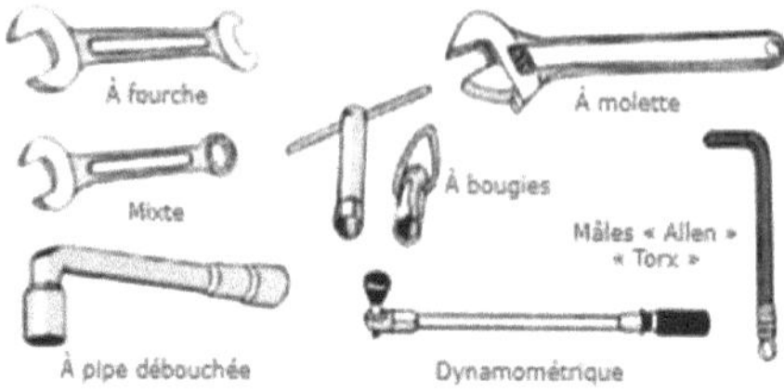

Figura 12: Alguns modelos-chave

2.3.3.2. Alicates

Os alicates são dispositivos frequentemente utilizados em engenharia mecânica, cuja função é fixar algo, ou seja, agarrar, cortar ou deformar. Existem vários tipos de alicates, consoante as suas diferentes utilizações:

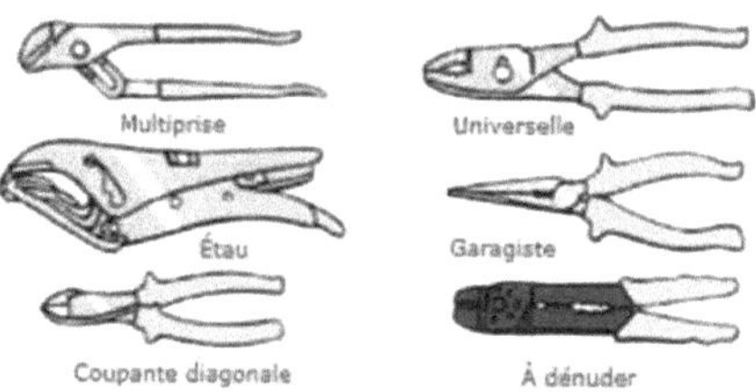

Figura 13: Tipos de braçadeiras

2.3.3.3. Chave de fendas

As chaves de fendas são ferramentas de aparafusar e desaparafusar, constituídas por uma haste metálica com um cabo, cuja extremidade tem uma forma adaptada aos diferentes tipos de cabeças de parafuso.

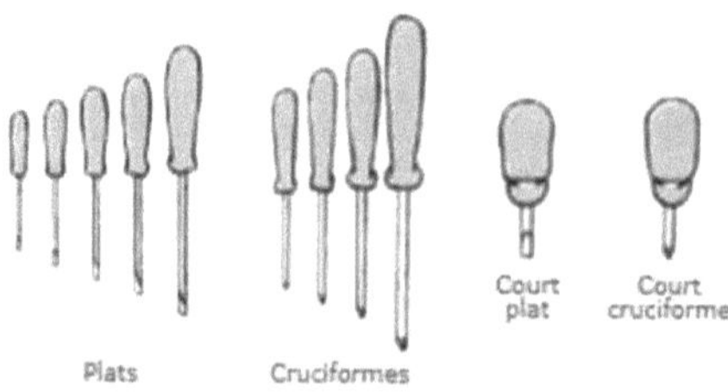

Figura 14: Tipos de chaves de fendas

2.3.3.4. Caixa de tomadas

Figura 15: Uma caixa de tomadas

2.3.3.5. Ferramentas de manutenção

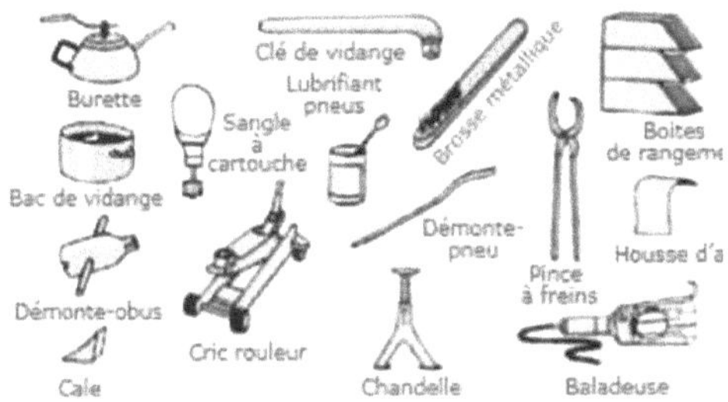

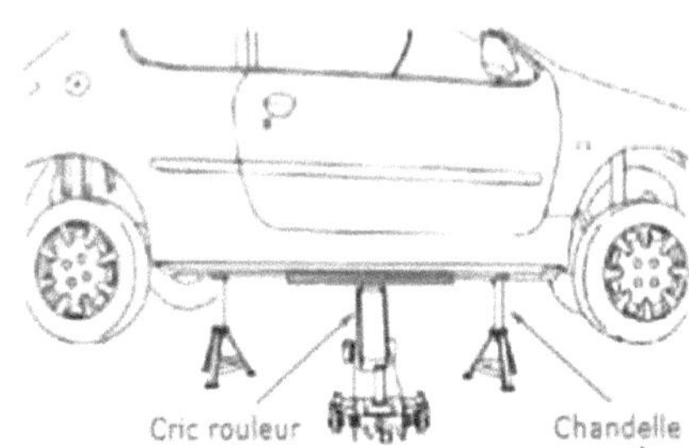

Figura 16: Algumas ferramentas de manutenção

2.3.3.6. Instrumentos de medição

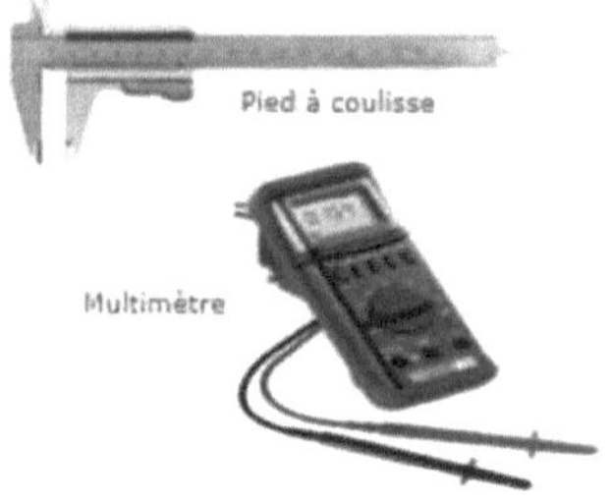

Figura 17: Alguns instrumentos de medição

2.3.4. Ferramentas específicas

Para as operações mais complexas, são necessárias ferramentas específicas, que representam investimentos muito importantes para os profissionais.

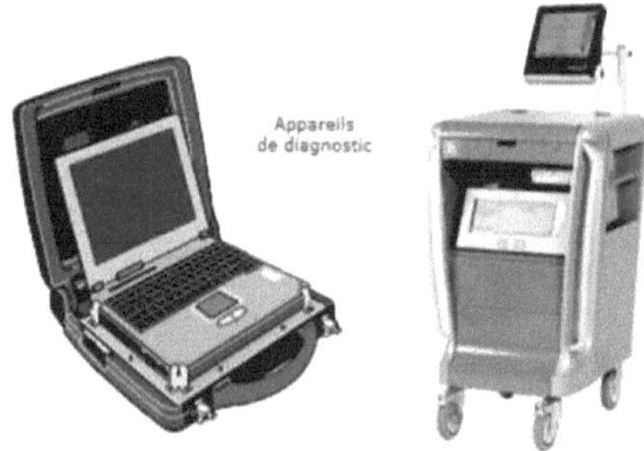

Figura 18: Dispositivos de diagnóstico

2.4. ORGANIZAR UMA REPARAÇÃO

2.4.1. Objetivo

Trabalhar de forma metódica para evitar :

• Perda de tempo;

• Danos em veículos ;

• Danos pessoais Prevenir os riscos profissionais.

2.4.2. Materiais, consumíveis e documentos necessários

• O formulário correspondente à reparação a efetuar;

• A Revisão Técnica (RT) correspondente ao veículo a reparar

2.4.3. Organizar o seu posto de trabalho

A organização de um posto de trabalho divide-se em três fases: deteção de eventuais falhas, preparação dos trabalhos a efetuar e execução dos trabalhos.

2.4.3.1. Saiba mais

• Verificar se o defeito de funcionamento exige intervenção.

• Escolha entre os cartões aquele que corresponde à sua intervenção.

• Verificar se a revisão técnica corresponde ao modelo exato de veículo e anotar

:

■ o método de reparação utilizado,

■ valores do fabricante,

■ valores de binário.

• Verificar se dispõe das ferramentas necessárias.

2.4.3.2. Preparar

• Limpar a área de trabalho.

• Preparação de um carrinho de oficina.

• Colocar as principais ferramentas a utilizar e a caixa de ferramentas no chão. o criado.

• Preparar o veículo:

■ levantar o capot ;

■ colocar coberturas de proteção (capa do para-choques, capa do banco, tapete do chão, etc.). chão, proteção do volante).

2.4.3.3. Realização da intervenção

• Limpar o local de trabalho.

• Ao levantar o veículo :

■ colocar o macaco debaixo da longarina dianteira ou traseira e levantar ;

■ colocar uma vela debaixo do painel oscilante no ponto de fixação

(ver RT) ;

■ libertar o macaco ;

■ repetir a operação para o outro lado do mesmo eixo;

■ garantir a estabilidade do veículo ;

■ retirar as rodas.

• Ao esvaziar os líquidos, ter em conta a capacidade do recipiente por

em relação às capacidades a esvaziar para evitar qualquer transbordo.

• Iluminar com uma lâmpada de mão de 24 V CC ou recarregável (220 volts

representam um risco de eletrocussão).

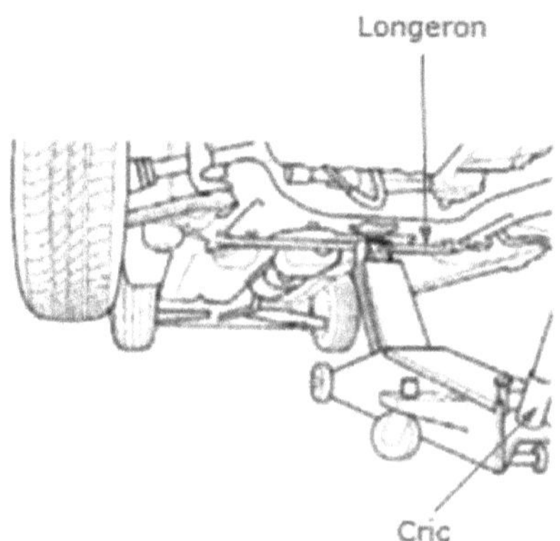

Figura 19: Levantamento do veículo

2.4.5. Verificar

Quando a reparação estiver concluída :

• Apertar os parafusos, as porcas, os grampos...

• Verificar todos os níveis.

• Verificar o aperto da roda (chave dinamométrica) e a pressão da roda.
pneumática.

• Testar o veículo.

• Verificar a existência de fugas.

• Arrume e limpe o seu posto de trabalho.

3. APRESENTAÇÃO E ORGANIZAÇÃO DO SEMINÁRIO

CAMINHÕES

3.1. APRESENTAÇÃO DO PROJECTO

O objetivo deste estudo é identificar o local mais próximo da procura, com os custos de aquisição e de preparação mais baixos a médio e longo prazo.

3.1.1. Objectivos do projeto

Ao optar pelo projeto de oficina de reparação de camiões, o objetivo é fornecer uma qualidade de serviço rentável, competitiva e que responda às necessidades e aspirações dos consumidores. O projeto visa contribuir para o desenvolvimento regional e diversificar as actividades económicas e sociais locais baseadas principalmente nas actividades primárias.

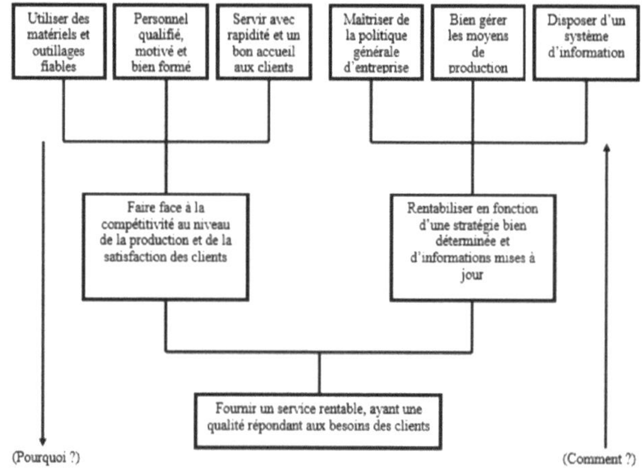

A árvore de objectivos permite obter mais pormenores. A abordagem ascendente do diagrama decompõe as várias actividades a realizar e baseia-se em considerações que visam responder à pergunta "Como podemos atingir o objetivo?". A abordagem descendente, por outro lado, descreve primeiro os planos de ação e depois responde à pergunta "Porque é que este objetivo é alcançado? A nossa garagem vai alcançar este objetivo através dos planos de ação que implementa e das actividades que realiza. Podemos constatar que os planos de ação e as actividades são interdependentes na realização do objetivo. Por conseguinte, é necessário continuar o nosso estudo considerando as actividades do projeto, ou seja, os serviços que iremos prestar aos clientes, e as suas consequências externas.

3.1.2. Âmbito do projeto

O projeto consiste na criação de uma oficina de reparação de camiões equipada com todos os meios e materiais necessários, com o objetivo de oferecer aos clientes os seguintes serviços:

• Reparação: pintura, carroçaria e mecânica;

• Manutenção: lubrificação, mudança de óleo ;

• Lavagem a alta pressão;

• Vulcanização ;

• Estofos;

• Resolução de problemas ;

• Eletricidade automóvel ;

• As várias definições ;

• Estruturas metálicas.

3.1.3. Produtos da empresa

3.1.3.1. Definição do produto

Os produtos podem ser definidos como um conjunto de características tangíveis e simbólicas, incluindo o serviço pós-venda e a garantia. São a promessa da empresa de satisfazer uma ou mais necessidades do mercado num determinado momento. Os produtos que a nossa oficina coloca à disposição dos clientes são concebidos para satisfazer todos os serviços relacionados com as expectativas dos compradores de camiões. Os clientes são encorajados a vir até nós porque temos tudo o que precisam. Assim, fornecemos os seguintes serviços no mercado:

a) A reparação

As reparações incluem a pintura, a carroçaria e os trabalhos mecânicos. A reparação consiste na substituição, regulação ou revisão de determinados componentes mecânicos do motor, bem como em alguns trabalhos de pintura. O recondicionamento, por outro lado, é mais completo, uma vez que envolve a reparação de todos os componentes do motor; é uma revisão completa do motor. As revisões de motores de camiões são o trabalho de base da nossa nova oficina.

b) Manutenção

Os trabalhos desta categoria incluem a manutenção dos motores e de outros componentes em bom estado de funcionamento. Por um lado, há a lubrificação, que consiste em revestir de massa os rolamentos e as engrenagens do motor. Em segundo lugar, a drenagem, que consiste em esvaziar os depósitos para os tornar novamente utilizáveis. É também utilizada para verificar o ajuste de vários componentes e diagnosticar o estado de certos circuitos, como o circuito de carga (bateria, alternador, tubos, etc.) e a análise dos gases queimados, etc.

c) Lavagem a alta pressão

Isto envolve a limpeza exterior e interior, utilizando equipamento moderno. Inclui também a lavagem do motor.

d) Vulcanização

A vulcanização é o processo pneumático completo.

e) Estofos

Os estofos são o enchimento dos assentos e dos interiores dos automóveis. A divisão de estofos efectua todos os trabalhos relacionados.

f) Eletricidade automóvel

Os eléctricos constituem as instalações eléctricas dos veículos. A Divisão Eléctrica ocupa-se de todas as actividades relacionadas com as instalações eléctricas e electrónicas.

g) Resolução de problemas

A nossa garagem dispõe de um reboque que pode ser utilizado para rebocar ou reparar um veículo.

h) As várias definições

Trata-se de regulações gerais do camião, tais como as regulações das rotações do motor, a equilibragem, o alinhamento e muitas outras.

i) Estruturas metálicas

Em geral, estes não são serviços oferecidos por uma oficina, mas dada a falta de serviços na região e o facto de a oficina ter o equipamento para fornecer estes serviços de metal, vamos torná-los uma atividade secundária.

3.1.3.2. Circulação de produtos

O fluxo de produtos deve dizer-nos como é que os produtos são fabricados, ou seja, os processos técnicos estabelecidos essencialmente através da escolha de um conjunto de operações que permitem realizar a produção nas melhores condições de tempo possíveis. Este processo vai determinar os trajectos dos veículos desde a entrada na garagem até à saída. Não esquecendo os trabalhos que não envolvem esta última, ou seja, a metalomecânica.

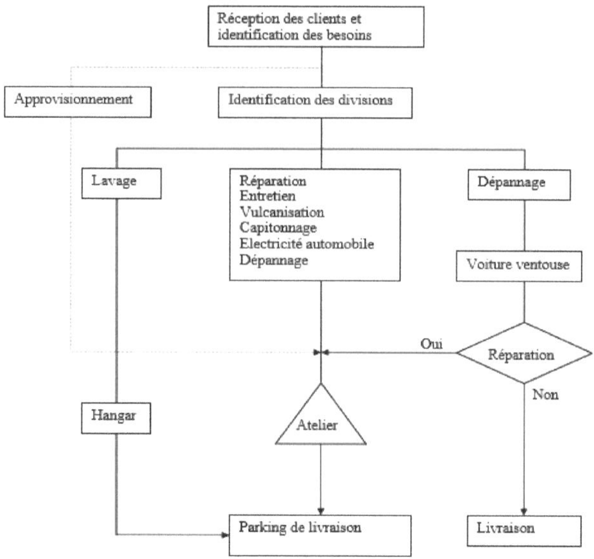

- **Explicação do processo**

Quando os clientes chegam, os nossos gestores são chamados a efetuar avaliações e diagnósticos, a partir dos quais surgem estimativas aproximadas e o conhecimento das necessidades. A informação é então enviada ao gestor de aprovisionamento, que pode instantaneamente comprar ou retirar stock e depois reabastecer a oficina.

As divisões adequadas serão seleccionadas de acordo com a procura dos clientes:

• Lavagem: se o cliente quiser apenas que o seu camião seja lavado, este não entra na oficina, mas é imediatamente enviado para o hangar de lavagem, sem que o cliente o receba no parque de estacionamento de entrega.

• Actividades que utilizam a oficina: trata-se de operações que têm de ser realizadas na oficina, independentemente da sua duração. A metalurgia é uma destas actividades.

• Serviço de avarias: esta operação é efectuada com o carro de aspiração. Se for necessário efetuar uma reparação na nossa oficina, o veículo vai diretamente para a oficina após o diagnóstico. Caso contrário, a nossa atividade limita-se à entrega.

3.1.3.3. Política de produtos

Um produto é tudo o que pode ser oferecido num mercado para ser notado, adquirido ou consumido para satisfazer uma necessidade. No nosso caso, a política de produto significa diferenciar os nossos serviços dos dos nossos concorrentes. Por isso, é importante ter em conta a qualidade dos nossos produtos e o ciclo de vida do produto.

a) Qualidade

Os consumidores preferem os produtos que oferecem O marketing de serviços não é apenas externo, mas também interno e interativo, de modo a mobilizar os empregados que prestam estes serviços. Como vimos na árvore de objectivos, o pessoal utilizado deve ser qualificado, motivado e bem formado, especialmente em novas tecnologias, a fim de garantir a qualidade do produto. Os produtos que vamos oferecer diferem em termos de :

• Rapidez: os nossos serviços são entregues no mais curto espaço de tempo possível, determinado antecipadamente para evitar preocupações dos clientes. Os concorrentes de maior dimensão deixam os clientes com longos prazos de entrega das suas compras. Os concorrentes mais pequenos, pelo contrário, não têm um prazo de entrega fixo.

• Garantia: Os nossos produtos são fornecidos com uma garantia. Esta pode incluir o serviço pós-venda. Em caso de insatisfação justificada do cliente, procederemos à correção da situação gratuitamente.

• Apreciação prévia: as estimativas efectuadas pelos respectivos peritos durante uma apreciação dos trabalhos a realizar permitem-nos transmitir aos clientes o preço dos serviços solicitados no momento da sua consulta. As estimativas correspondem a horas de trabalho a despender em reparações e fornecimentos ou peças sobressalentes necessárias.

• A marca: para a nossa empresa, a marca comunica uma imagem ao público. É um meio de posicionar e diferenciar os nossos serviços da concorrência.

3.1.4. Impactos positivos e negativos do projeto

Quadro 1: Impactos positivos e negativos do projeto

Impactos positivos	Impactos negativos
Impacto positivo no desenvolvimento social e económico Automóveis fiáveis Criação de emprego Aumento das receitas dos investidores Incentivos para operar neste sector	Risco de poluição do produto utilizado pela garagem Risco de perturbações sonoras ambientais

3.2. ESTUDO DE LOCALIZAÇÃO L'ATELIER

3.2.1. Localização da oficina

3.2.1.1. Localização

Optámos por localizar este projeto na estrada principal Avenue Kalonji, na comuna de Dibindi, a apenas 3 km a leste do centro da cidade de Mbujimayi. A área de estudo é considerada um ponto de acesso chave, uma vez que todos os fluxos de transporte entre o centro da cidade e o centro-oeste têm de passar por esta região. Como qualquer outra região, também tem as suas próprias características naturais, sociais e económicas específicas. Até à data, não existem prestadores de serviços de transporte por camião, apesar do aumento do tráfego automóvel. Estes automóveis são essencialmente veículos utilitários concebidos para o transporte de produtos primários e requerem uma grande manutenção.

3.2.1.2. Superfícies e dimensões necessárias

O terreno necessário para este atelier é estimado em 700 m2, que pode ser disponibilizado nesta parte da zona escolhida, se os recursos necessários forem disponibilizados. Apesar do obstáculo da disponibilidade do terreno, é de salientar que a instalação da oficina nesta zona continua a ser prometedora e cheia de perspectivas.

3.2.1.3. Requisitos e características da superfície

a) Topografia

A configuração do terreno oferece uma boa acessibilidade à zona e não exige grandes trabalhos de nivelamento.

b) Tipo de solo

Situado no centro da cidade de Mbujimayi, o solo do local poderia oferecer uma boa capacidade de suporte. No entanto, devem ser efectuados estudos precisos e sérios para determinar as características mecânicas do solo antes da realização do projeto.

c) Reabilitação de linhas telefónicas, linhas eléctricas e condutas diversas

A zona já foi servida; está situada na estrada urbana principal de KALONJI e beneficia de todos os serviços públicos.

• Água: a conduta de água potável da REGIDESO passa mesmo ao lado.

• Eletricidade: o sítio está situado na cidade de Mbujimayi e beneficia da eletricidade da rede Energie du Kasaï.
"ENERKA" ou a empresa nacional de eletricidade "SNEL".

• Esgotos: se as condutas de esgotos e os esgotos não forem à escala regional, pode haver oportunidades para os instalar sem grandes inconvenientes.

• Comunicações e ligações: Existem três redes locais de telecomunicações em

Mbujimayi: Vodacom, Airtel e Orange: Vodacom, Airtel e Orange; estas redes oferecem serviços de ligação à Internet a preços acessíveis. Para além destas redes de telecomunicações, há também distribuidores privados de serviços de ligação à Internet, como a MicroCom, a Konnect Africa, etc., que também oferecem serviços de ligação à Internet.

d) Estradas de acesso

Situado na avenida Kalonji, no coração de Mbujimayi, o local é bastante movimentado. Além disso, esta avenida KALONJI liga três dos principais mercados da cidade e estes mercados são, na maioria dos casos, o destino dos vários camiões de mercadorias que entram na cidade através dos dois pontos de entrada de Mbujimayi: Pont LUBILANJI e TSHIBOMBO.

3.2.1.4. Contacto

A mão de obra também está disponível no local. O local fica apenas a cinco (5) minutos de carro do centro de Mbujimayi.

3.1.1.5. Ambiente e vizinhança

a) Maior respeito pelo ambiente

Apesar de Mbujimayi nem sequer estar demarcada como zona residencial ou industrial, a proximidade de certas unidades industriais cria perturbações ambientais sob a forma de poluição atmosférica, poluição sonora e outros incómodos. A oficina a instalar deverá efetuar ensaios que gerarão emissões nocivas (como no caso dos óleos usados), ruído e outros tipos de poluição. No entanto, graças às baixas emissões e ao respeito de novos métodos que garantem uma melhor ecologia, estes efeitos perversos serão fortemente atenuados.

b) Atitude das outras empresas

A zona em que a oficina vai ser instalada está repleta de oficinas de reparação de vários veículos e camiões, sendo as mais conhecidas a REMCO e outras, o que teoricamente representa uma certa concorrência para a nossa oficina. Além disso, uma vez que o nosso alvo são os camiões a gasóleo, gostaríamos de salientar que a maior parte destes veículos em Mbujimayi são propriedade de empresas de engenharia civil (BATCO, AREMIR, etc.), SAFRICAS, OVD, OR, SMK, ...), empresas mineiras (MIBA, SACIM...) e alguns particulares que os utilizam para transportar várias mercadorias para a zona de consumo de Mbujimayi. É de notar que a maior parte destas empresas dispõe de departamentos internos responsáveis pela manutenção dos seus veículos, o que significa que o nosso grupo-alvo é constituído, em grande parte, por camiões privados, que trazem frequentemente mercadorias das aldeias vizinhas de Mbujimayi ou de outras províncias da República.É também de salientar que todas as oficinas existentes nesta zona são estruturas sem qualquer infraestrutura ou organização estrutural, e não possuem o equipamento necessário para o bom funcionamento de uma oficina de reparação digna desse nome. Este projeto de oficina é uma proposta nova no domínio da prestação de serviços, muito mais do que um projeto desta dimensão que ainda não foi executado em Mbujimayi para uso público.

3.2.2. Configuração geral

3.2.2.1. Estatísticas de camiões

A estimativa da população de camiões foi feita com base num inquérito realizado na divisão provincial dos transportes e vias de comunicação de Kasaï Oriental, em Mbujimayi. Estes camiões são principalmente utilizados para o transporte rodoviário de mercadorias e de grandes equipamentos de extração mineira e de pedreiras.

a) Dimensão do mercado que controla o dimensionamento da oficina

Dado que a data de conclusão da oficina é 2020-2023, estamos a considerar principalmente a situação do mercado em 2020. O quadro seguinte apresenta uma estimativa desta população, com base nos dados recolhidos nas duas portagens de entrada da cidade, Lubilanji Bridge e Tshibombo, fornecidos pela Division Provinciale de Transport, apenas para o ano de 2020:

Quadro 2: Estatísticas de portagens de entrada de camiões para 2020

Mês	Camião	Camião grande	Reboque	Total
janeiro	113	155	11	279
fevereiro	108	170	13	291
março	116	169	19	304
abril	111	158	32	301
maio	124	160	12	296
junho	115	153	17	285
julho	168	170	25	363
agosto	136	168	25	329
setembro	139	191	21	351
outubro	141	188	6	335
novembro	159	105	19	285
dezembro	135	200	21	356
TOTAL			3775	

Este quadro apresenta uma estimativa do número de camiões (todas as marcas) para o período de janeiro a dezembro de 2020. A partir desta tabela, verificamos que o número médio de camiões por mês durante 2020 é estimado em 315 camiões por mês. A oficina planeada terá, portanto, de ser dimensionada para reparar, manter e fazer a revisão geral de 315 motores e acessórios de camiões por mês.

b) Estimativa da futura população de camiões

Para os cálculos de dimensionamento da nossa oficina, teremos em conta o aumento do número de camiões na cidade de Mbujimayi, a fim de podermos fazer face ao número crescente de camiões na cidade de Mbujimayi. Para tal, determinaremos a futura população de camiões na cidade de Mbujimayi dez.

(10) anos após 2020, ou seja, até 2030. Para calcular esta população, utilizaremos a seguinte fórmula estatística: a população estimada de camiões no ano de chegada

$$S_n = S_o(1+i)^n \qquad (3.1)$$

S_o : o valor da população de camiões no ano inicial (2020)

i: a taxa de crescimento dos camiões, estimada em 7% a nível mundial

a nível mundial

n: número de anos decorridos.

Nesta fórmula, substituindo S_o pelo grande valor registado no ano 2020, que é de 363 camiões (por precaução), com uma taxa de crescimento i de 7% e um número de anos n de 10, encontramos uma estimativa futura da população de camiões de 714 camiões. Este valor de 714 camiões será utilizado para o resto dos cálculos de dimensionamento da oficina.

3.2.2.2. Determinações de espaço

Uma das fases mais importantes do estudo de layout é a estimativa exacta das necessidades de espaço; esta será a base para determinar as dimensões das nossas áreas de trabalho e das várias instalações.

a) Estimativa das necessidades de espaço para as áreas de trabalho

O espaço total necessário para as áreas de trabalho no camião depende essencialmente da população de motores e transmissões a reparar. O manual do fabricante "DETROIT DIESEL ALLISON, Distributors Facilities Planning Manual" recomenda os seguintes passos para determinar :

• Estimativa total mensal de camiões: representa a população total de camiões estimada para o ano seguinte.

• Tempo médio entre revisões: é o tempo médio entre duas revisões sucessivas do motor de um camião.

• Número estimado de reconstruções por mês: é o quociente entre o número total estimado de camiões e o tempo médio entre reconstruções de motores;

• Número estimado de reparações por semana: é o quociente entre o número estimado de reparações por mês e o número de semanas do mês (4 semanas);

• Número estimado de reparações por dia: é o quociente entre o número estimado de reparações por semana e o número de dias da semana.

O quadro seguinte mostra as diferentes salas e áreas necessárias para uma oficina em função do número de reparações por dia:

Tabela 3: Salas e áreas necessárias de acordo com o número de reparações por dia

Número de referências por dia	Demontagem e limpeza da sala	Área de inspeção	Banco de reparação de sub-sinais mbles	Zona de armazenagem dos motores	Sala de ensaios do dínamo do contador	Sala eléctrica autoalimentada	pintura	Sala de vacinação
1	1	1	4	1	1	1	1	1
2	1	1	5	2	1	1	1	1
3	1	1	6	2	1	1	1	1
4	1	1	7	3	1	1	1	1
5	1	1	8	4	1	1	1	1

Em seguida, o quadro seguinte apresenta uma estimativa das necessidades de espaço na função de zona de trabalho:

Quadro 4: Estimativa das necessidades de espaço por zona de trabalho

ZONA DE TRABALHO	SUPERFÍCIES NECESSÁRIAS
Desmontagem e limpeza	6 m × 6 ma6 m × 9 m
Área de inspeção	3,7 m × 3,7 m
Área de reparação de subconjuntos	3,1 m × 6 ma3,1 m × 13,7 m
Zona de remontagem do motor	3,7 m × 3,7 m a3,7 m × 4,6 m
Área da obra de transmissão (cada)	6 m × 6 m
Banco de ensaio de motores	4,7 m × 6 m
Sala de modificação de motores	4,6 m × 6 m
Unidade de potência do conjunto motor ou gerador	6 m × 6 m
Sala de fabrico	2 m × 6 ma6 m × 12 m

da seguinte forma :

Assim sendo, podemos determinar o espaço necessário para o trabalho da seguinte forma

• Estimativa do total de camiões para um ano: 714 camiões por mês;

• Tempo médio entre revisões: 6 meses (aprox. 4.000 horas);

• Estimativa do número de reparações por mês: mês ;

• Estimativa do número de reparações por semana :

714/119 camiões por 6

119 /30 reparações por 4

• Estimativa do número de reparações por dia :

30 /4 reparações por dia. 7

Com o número de 4 reparações por dia, o quadro dá (valores enquadrados) a vermelho) :

Quadro 5: Estimativa do espaço de trabalho necessário para 4 reparações por dia

Nombre de réfections par jour	Salle de démontage et nettoyage	Aire d'inspection	Banc de réparation des sous-ensembles	Aire de remontage des moteurs	Salle des essais sur dynamomètre	Salle d'électricité automobile	Salle de peinture	Salle de vulcanisation
1	1	1	4	1	1	1	1	1
2	1	1	5	2	1	1	1	1
3	1	1	6	2	1	1	1	1
4	1	1	7	3	1	1	1	1
5	1	1	8	4	1	1	1	1

- Uma sala de desmontagem e limpeza ;

- Uma área de inspeção

- Sete bancadas de reparação de subconjuntos ;

- Três zonas de remontagem;

- Uma sala de ensaios com dinamómetro;

- Uma sala de eletricidade automóvel;

- Zona de pintura;

- Uma sala de vulcanização

O quadro das necessidades de espaço por zona de trabalho dá, após aperfeiçoamento e correcções :

Quadro 6: Estimativas de espaço para cada superfície de trabalho

ZONA DE TRABALHO	SUPERFÍCIE NECESSÁRIA POR UNIDADE	SUPERFÍCIE TOTAL NECESSÁRIA
Desmontagem e limpeza	6 m × 8 m	6 m × 8 mor 48 m2
Área de inspeção	4 m × 4 m	4 m × 4 m ou 16 m2
Área de reparação subconjuntos	3 m × 8 m	21 m × 8 m ou 168 m2
Zona de remontagem motores	4 m × 4 m	12 m × 4 m ou 48 m2
Área de trabalho de transmissão (cada)	6 m × 6 m	6 m × 6 m ou 36 m2
Banco de ensaio de motores em dinamómetro	5 m × 6 m	5 m × 6 m ou 30 m2
Sala de modificações motor	5 m × 6 m	5 m × 6 m ou 30 m2
Unidade de potência Motor ou conjunto gerador	6 m × 6 m	6 m × 6 m ou 36 m2
Sala de fabrico	6 m × 6 m	6 m × 6 mor 36 m2
TOTAL		448 m2

As necessidades de espaço de trabalho são estimadas em 448 m2.

b)   Estimativa das necessidades de espaço para escritórios e área de exposição

A área total de escritórios não deve exceder 15 a 18% da área total do piso. Alguns escritórios situar-se-ão no piso superior. O quadro 7 indica as superfícies mínimas necessárias para os escritórios.

Quadro 7: Estimativas de espaços para escritórios e exposições

ESCRITÓRIOS	SUPERFÍCIES
Diretor Geral	18 m2 a 27 m2
Diretor de departamento	13,5 m2 a 27 m2
Gestor (cada)	6,8 m2 a 11,3 m2
Gestão do pessoal (exceto serviços gerais)	6,8 m2
Serviço geral Por pessoa, incluindo secretária, cadeira e deslocação	6,8 m2

Utilizando a mesma disposição que a anterior, obtemos as seguintes superfícies para os gabinetes :

Quadro 8: Estimativa das necessidades de espaço para cada gabinete

ESCRITÓRIO	SUPERFÍCIE	
Diretor Geral	4 m × 5 m	20 m2
Diretor Administrativo Financeiro	4 m × 4 m	16 m2
Diretor técnico	4 m × 4 m	16 m2
Gestor de pessoal	3 m × 3 m	9 m2
Gestores Compras-Aprovisionamento e vendas	4 m × 4 m	16 m2
Diretor de oficina	3 m × 3 m	9 m2
Departamento de contabilidade	4 m × 8 m	32 m2
Departamento de TI	4 m × 4 m	16 m2
Secretário	4 m × 3 m	12 m2
Assistente social	4 m × 3 m	12 m2
TOTAL	158 m2	

A necessidade de espaço para escritórios e exposições é estimada, após cálculo, em 158 m2.

c) Espaço de armazenamento estimado

A zona de armazenagem é o armazém dos diferentes materiais e produtos necessários à realização das diferentes tarefas da oficina. Este espaço varia entre 5 e 10% do conjunto dos outros espaços (espaços de trabalho e de escritório), pelo que, no nosso caso, está estimado em 61 m2.

d) Estimativa do espaço total necessário para o seminário

O espaço total necessário para a nossa oficina é a soma dos espaços de trabalho, de escritório, de exposição e de armazenamento. No entanto, para nos dar um maior grau de certeza no nosso dimensionamento do espaço necessário para a oficina, vamos estabelecer uma margem de segurança de 5%, o que acaba por reduzir a nossa superfície total para um valor de 700 m2.

e) Repartição do espaço em construção

Os edifícios serão compostos por :

• Três edifícios: o primeiro servirá para escritórios e administração de toda a unidade. O segundo albergará as salas de pintura e a oficina, onde serão realizadas todas as outras actividades, exceto a lavagem. O último é o armazém.

• Um hangar: será utilizado para a lavagem de roupa. Uma pequena parte será utilizada como vestiário.

• Dois parques de estacionamento: o parque de receção dos clientes e o parque de entrega. Serão construídos para oferecer aos clientes um melhor acolhimento e responder às suas expectativas em termos de qualidade de entrega.

3.2.2.3. Identificação das infra-estruturas

a) Equipamentos e ferramentas

Para oferecer serviços sustentáveis e relevantes, ou seja, para garantir um certo grau de viabilidade e rentabilidade contínuas dos resultados, bem como a conformidade entre os objectivos do projeto e as necessidades e expectativas do comprador, precisamos de recursos materiais.

• Equipamento de pintura

Para a pintura, a lista de materiais necessários é apresentada no quadro seguinte:

Quadro 9: Lista de equipamentos de pintura

Designação	Quantidade
Aspirador Ventilador Projetor	2
Pistola de pintura	2
Série de escovas	4
Compressor	2
Decanterágua+ manómetro	2
Conjunto de facas Máscara de	1
pintura	2
	2
	8

As operações serão efectuadas na sala de pintura para garantir a qualidade exigida. Iremos utilizar duas salas de pintura. É por isso que o número de materiais foi planeado para duas salas de pintura. Por exemplo, se a série de facas é utilizada para aplicar os selantes, é a pistola que pulveriza as tintas sobre a superfície da carroçaria.

- Equipamentos de chapa e de soldadura

Quadro 10: Lista de equipamentos para trabalhos em chapa e soldadura

Designações	Quantidade
Unidade de soldadura autogénea	2
Unidade de soldadura eléctrica Pinças de	2
torno	2
Esmeril Lixadora Berbequim	2
Caixa de martelos Caixa de estacas	2
quadradas Bomba de rebites Máquina de	2
dobrar chapa Suporte de lâminas	1
Cinzel Jack	1
Guincho de 4 postes Guincho	1
Motosserra	1
Bigorna	2
Máscara de soldadura	2
	1
	1
	1
	1
	2
	3

Os equipamentos enumerados neste quadro são indispensáveis para o trabalho e a soldadura de chapas metálicas, permitindo aos operadores efetuar facilmente todas as operações de remodelação, endireitamento e alisamento. Permitem igualmente efetuar as operações com a qualidade exigida no mais curto espaço de tempo possível.

- Equipamento mecânico

Quadro 11: Lista de equipamentos para operações mecânicas

Rubriques
- Auto data ou RTA
- Clés :
Jeu de clé plate
Jeu de clé polygone
Jeu de clé mixte
Jeu de clé à pipe
Jeu de clé allen
Caissette clé torx
Jeu de clé à bougie
Clé à filtre
Clé à griffes
Clé dynamométrique
- Coffret douille avec accessoire
- Série tournevis
- Pince :
Universelles
Multiprises
Etau
Jeu de pinces circlipse
Plates
Coupantes
- Pompe tecalemite
- Pompe à tarer
- Presse ressort standard
- Marteaux mécaniques
- Pèse acide
- Perceuse électrique
- Mèches de la perceuse
- Meule portative
- Chasse goupille
- Maillet en plastique
- Lampe stroboscopique
- Comparateur de mesure
- Pied à coulisse
- Compressionmètre
- Manomètre de pression d'essence
- Manomètre de pression d'huile
- Arrache amortisseur
- Arrache rotule
- Arrache roulement
- Arrache moyeu
- Cric roulant
- Palan

Podemos ver nesta tabela que o equipamento mecânico é o mais complexo de todos os materiais e ferramentas de que a nossa garagem necessita, no entanto, quando este equipamento está completo, podemos esperar um resultado amplamente positivo. Algumas, como as chaves inglesas e as chaves de fendas, são utilizadas para trabalhos ligeiros. Outras são utilizadas para tarefas pesadas, como levantar e içar veículos e motores.

• Resolução de problemas de equipamento

Para completar os nossos serviços, utilizamos um carro com ventosa para reparar e rebocar veículos pesados.

• Equipamento de lavagem

Quadro 12: Lista de equipamentos de lavagem

Sections
- a high-pressure electric machine - a vacuum cleaner - other small equipment (brush, bucket, hose, sponge, etc.)

A lavagem a alta pressão é diferente das simples lavagens de automóveis com que nos deparamos frequentemente. Este tipo de lavagem requer a utilização do equipamento indicado na tabela para garantir que os automóveis são limpos em profundidade, tanto no interior como no exterior.

• Equipamento pneumático

Quadro 13: Lista dos equipamentos pneumáticos

Sections
- compressor - tire changer - hammers - electric iron (vulcanizer)

Precisamos deste equipamento na divisão de vulcanização se quisermos garantir a rapidez e a qualidade dos nossos serviços. Por exemplo, o compressor pode encher as quatro rodas de um carro em apenas alguns minutos, dentro dos limites da barra normal.

• Equipamento para estofos

Quadro 14: Lista de materiais para estofos

Sections
- a sewing machine
- soldering iron (for welding tarpaulins)
- wood saw
- Other small items (scissors, ruler, etc.)

A divisão de estofos deve dispor do material indicado no quadro 13 para efetuar as suas operações. Os estofadores só podem trabalhar se tiverem estes materiais à sua disposição.

b) Vestuário de trabalho

Os técnicos de superfície usarão fatos-macaco durante o horário de trabalho. de trabalho. Precisamos de 50 combinações.

c) Equipamento e mobiliário de escritório

Designações	Quantidade
Tabelas	14
- Cadeiras	30
Armários de arrumação	14
Telefone	1
Outros pequenos equipamentos	-

Este quadro apresenta os diferentes equipamentos e mobiliário de que a garagem necessitará para os serviços de escritório.

d) Equipamento informático

Designações	Quantidade
- computador	3
- inversor	3
- impressora	3

Este equipamento é necessário para informatizar as operações da empresa

e) Material de transporte

Para a realização   da atividade, a unidade necessitará   uma carrinha para se deslocar.

3.3.ESTUDO ORGANIZACIONAL DO L'ATELIER

Agora que a dimensão da oficina a criar foi tecnicamente determinada, é necessário organizá-la de forma a garantir o seu bom funcionamento.De facto, o planeamento organizacional é um passo necessário para melhor conjugar recursos humanos, materiais e financeiros.Através de uma boa organização, vamos tentar resolver eventuais dificuldades de funcionamento de uma :

- Administrativo ;
- Financeiro ;
- Tecnologia;
- Social.

3.3.1. Descrição das principais funções da oficina
3.3.1.1. A função administrativa

Esta função será difundida em toda a oficina: não haverá um departamento que não tenha um trabalho administrativo:

• Prever a política a seguir e o programa de ação a adotar;

• Organizar a oficina, o u   s e j a, dar ordens que garantam a execução do programa pelos organismos existentes;

• Verificar os resultados obtidos, comparando-os com as previsões iniciais, o que permitirá ajustar os métodos de previsão, organização, comando e controlo.

Assim, a função administrativa aparece como o cérebro e o sistema nervoso da oficina: deve, portanto, planear, organizar, comandar, coordenar e controlar todas as actividades da oficina.

3.3.1.2. A função financeira

É este serviço que será responsável por pôr o capital em ação. O papel da função financeira consiste em obter os fundos necessários, empregá-los, geri-los, remunerá-los e, se necessário, reembolsá-los. Controla a circulação de capitais no interior da oficina e as trocas de capitais com o exterior, com a ajuda dos registos efectuados pelo serviço de contabilidade.

3.3.1.3. A função técnica

Terá de regular e elaborar as condições de realização das operações de reparação, manutenção e remodelação. A função técnica prepara o trabalho, executa-o com materiais e mão de obra e controla-o. Determina os tipos de reparações e outros trabalhos a efetuar em função dos recursos da oficina, determinando depois as matérias-primas e os consumíveis a fornecer. A função técnica deverá também definir o regime de trabalho, ou seja, a distribuição e o ritmo do trabalho.

• Instalações para conseguir a plena utilização do equipamento, evitar tempos de paragem, etc... O regime de funcionamento das instalações determina a depreciação e a renovação das instalações.

• O pessoal do seu serviço, a fim de atingir o pleno emprego e a eficácia. Isto implica, nomeadamente, a organização de equipas de trabalho, a distribuição do trabalho entre equipas, a fixação de horários de trabalho e de períodos de descanso, a procura e o desenvolvimento de sistemas salariais estimulantes, etc...

3.3.1.4. A função de segurança

Deve proteger as pessoas e os bens contra os riscos de acidentes pessoais ou de danos nos equipamentos. Além disso, uma vez que a natureza destes riscos é muito variada, a função de segurança encontra-se em toda a oficina.

3.3.1.5. A função social

Terá a delicada tarefa de se concentrar nos membros do pessoal, não como factores internos de produção, mas como pessoas. Neste caso, o ponto de vista humano prevalecerá sobre o ponto de vista económico.

3.3.1.6. Outras funções

a) A função médica

É um corolário da função de segurança. Deve criar condições de higiene satisfatórias na oficina e nas suas imediações e contribuir para a manutenção de um bom estado de saúde do pessoal. Em caso de acidente, os primeiros socorros podem ser prestados neste local.

b) A função publicitária

Deve servir como um meio para a função de vendas solicitar clientes potenciais e persuadi-los a aceitar os serviços da oficina. As várias funções descritas requerem os seus próprios órgãos para as realizar.

3.3.2. Criação de serviços - distribuição de funções

Uma vez definidas as principais funções da oficina, é necessário criar os suportes organizacionais que permitirão a sua realização; ao mesmo tempo, procederemos à distribuição dessas funções. Para melhor atingir os seus objectivos, a oficina incluirá um departamento "produtivo": o departamento técnico e um departamento "improdutivo": o departamento administrativo e financeiro, que dará o apoio necessário ao primeiro.

3.3.2.1. Departamento Técnico

A função será desempenhada sob a responsabilidade do Diretor Técnico e incluirá :

• O Serviço de Execução e ;

• Serviço de controlo.

O trabalho deve ser meticulosamente preparado para evitar perdas de tempo e de materiais. Esta preparação do trabalho será efectuada pelo chefe de oficina sob a supervisão do diretor técnico. Desta forma, todos os estudos teóricos serão realizados ao seu nível, bem como a elaboração de planos de reparação, manutenção, etc., de que as equipas de execução e de controlo necessitarão. A cada um destes movimentos será atribuído um tempo padrão pré-determinado, em função da natureza do movimento e das condições em que é efectuado. O chefe do serviço de execução assegurará a realização dos trabalhos e a manutenção do equipamento e das instalações; será assistido nesta tarefa por um encarregado que será responsável pela manutenção. Técnico que se ocupará de :

a) Programação e planeamento

Ele elabora o plano de produção da oficina: distribui o trabalho a efetuar entre os trabalhadores e as máquinas de forma a garantir o cumprimento dos prazos e a ocupação contínua de todos os postos de trabalho. Para isso, pode criar os seus próprios quadros de planeamento, nos quais introduz a hora e o local de arranque, bem como o tempo previsto para cada operação. Estes quadros auto-explicativos são uma grande ajuda para assegurar uma distribuição racional do trabalho e o controlo dos prazos de conclusão.

b) O lançamento

Permitir-nos-á elaborar todos os documentos necessários para os seminários:

• Autorizações de saída para matérias-primas e ferramentas necessárias ;

• Supervisão das ordens de trabalho elaboradas pelo Chefe do Departamento de Execução, especificando os trabalhos a efetuar pelos trabalhadores designados.

Todas as reparações serão objeto de uma inspeção por um responsável de inspeção, para que o responsável técnico possa avaliar a qualidade do trabalho.

3.3.2.2. Departamento Administrativo e Financeiro

Este departamento será dirigido pelo Diretor Administrativo e Financeiro, que deverá trabalhar em estreita colaboração com o Diretor-Geral, o qual será responsável pelas questões de política geral e pelas relações externas. Este último será responsável pelas questões de política geral e pelas relações externas, actuando como árbitro em caso de conflito interno grave. O Diretor de Administração e Finanças desempenhará a função financeira sob a supervisão do Diretor-Geral.

Sob o seu comando :

- Departamento de Contabilidade ;
- Serviço de Pessoal ;
- Departamento de TI.

a) Departamento de Contabilidade

As secções seguintes respondem perante o contabilista principal:

- Contabilidade geral: realizada por um (1) contabilista com conhecimentos de informática, que é responsável pelo registo de todas as operações quotidianas e pelos lançamentos contabilísticos. Todos os lançamentos contabilísticos são depois centralizados no Jornal Geral.

- Contabilidade de custos: o contabilista-chefe é responsável pela determinação dos custos, dos custos de produção e dos resultados da contabilidade de custos. É igualmente responsável pelos cálculos fiscais, bem como pela compilação dos documentos elaborados e pela sua apresentação sob a forma de quadros ou gráficos para uso do diretor-geral.

- Contabilidade dos salários: Esta secção do serviço de contabilidade é responsável pela elaboração de todos os documentos relativos ao cálculo dos salários e dos impostos sobre os salários. Será igualmente assegurada por um contabilista.

• Contabilidade - Faturação - Cobrança de dívidas: Será igualmente assegurada por um contabilista e centra-se essencialmente na gestão da venda de peças sobressalentes e serviços da oficina para faturação e cobrança de dívidas.

b) Serviço de Pessoal

Para além das funções de recrutamento e de administração do pessoal em todas as questões relacionadas com a contratação, disciplina, promoções, sanções, etc., este departamento desempenhará também funções sociais e de segurança. Este serviço desempenhará igualmente funções sociais e de segurança. Será dirigido por um Chefe de Pessoal, que será responsável pela gestão dos recursos humanos, pela planificação das reformas e por facilitar a formação técnica e geral da oficina. O chefe do pessoal terá sob o seu comando :

• Uma secção de segurança social: composta por um assistente social para ajudar a identificar a dimensão social da mão de obra;

O assistente social organiza igualmente a farmácia da oficina e as consultas médicas do pessoal.

• Uma secção de Serviços Gerais: que recorrerá a subcontratantes para a segurança e a limpeza e a um funcionário permanente para recados diversos e receção, distribuição e entrega de correio.

c) Departamento de TI

Este serviço permitirá reunir toda a documentação (de origem interna e externa) em forma de ficheiro, estudá-la e explorá-la... Na medida em que o equipamento informático o permita, este serviço deverá ajudar os responsáveis da oficina a preparar cientificamente as suas decisões. A sua atividade funcional beneficiará principalmente :

• Do serviço de contabilidade ;

• Do departamento de compras e gestão de stocks;

• Serviço de pessoal, etc.

Gostaríamos de falar mais pormenorizadamente sobre a implementação e a organização do sistema informático.

3.3.3. Organigrama da oficina
3.3.3.1. Definição

O organigrama é uma representação esquemática da estrutura hierárquica das relações de trabalho e de pessoal, bem como dos diferentes departamentos da empresa. De facto, a hierarquia é traçada. Em primeiro lugar, os órgãos de nível mais elevado são colocados no topo e, em seguida, os outros órgãos são colocados na base, à medida que se desce na hierarquia. O organigrama também representa a regulação dos fluxos de informação. tanto para os ascendentes como para os descendentes.

3.3.3.2. Apresentação

O nosso organigrama está sujeito a alterações à medida que nos adaptamos à evolução do ambiente e da própria empresa. Mas, para começar, previmos o seguinte organigrama:

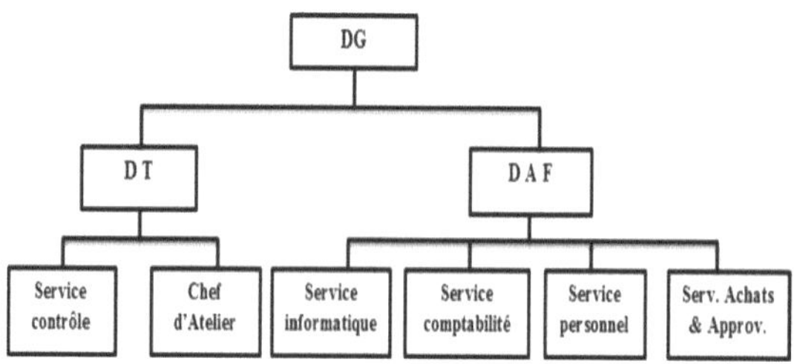

3.3.4. Oficina de recursos técnicos e humanos
3.3.4.1. Recursos humanos

A oficina de reparação está sob a responsabilidade direta do Diretor Técnico, que deve utilizar todos os meios à sua disposição para assegurar o seu bom funcionamento. Para o efeito, terá sob as suas ordens :

• Um (1) Diretor de Oficina ou Chefe do Departamento de Execução, que é responsável pelo bom funcionamento do trabalho na oficina. As suas competências serão utilizadas para supervisionar e assistir os operadores de máquinas no trabalho.

• Seis (6) chefes de divisão: asseguram a realização dos trabalhos em conformidade com os planos de ação e as normas. Fazem o diagnóstico dos veículos na receção, dirigem as actividades de execução e a organização da manutenção dos equipamentos.

• Dois (2) pintores: nas salas de pintura, efectuam todas as tarefas de pintura, incluindo a preparação: polem e cobrem antes de pintar, e efectuam a pintura propriamente dita.

• Quatro (4) trabalhadores de chapa: trabalham na oficina. Endireitam carroçarias e efectuam trabalhos de lixagem, ou seja, trabalhos prévios à aplicação de mástiques para pintura. Efectuam também trabalhos em metal.

• Oito (8) mecânicos: as actividades de reparação mecânica da divisão de reparação são executadas por seis (6) deles. A lubrificação, a mudança de óleo e as regulações diversas, que constituem as actividades da divisão de manutenção, são realizadas pelos restantes.

• Um (1) chefe de divisão de avarias: é a segunda pessoa da divisão de avarias. Assiste o chefe de divisão nas suas funções e conduz a viatura de aspiração.

• Três (3) Gestores de Eletricidade Automóvel: assistem o Diretor de Divisão nas suas funções e são responsáveis pela execução das actividades relacionadas com a eletricidade automóvel.

• Dois (2) supervisores de vulcanização: assistem igualmente o chefe de divisão nas suas funções e efectuam todos os trabalhos pneumáticos.

• Um (1) supervisor de estofos: para assistir o supervisor e efetuar todos os trabalhos de estofos.

• Um (1) supervisor de lavagem de automóveis: responsável pela limpeza do motor, do exterior e do interior.

No departamento técnico e de reparação, o pessoal utilizador faz a manutenção do equipamento e das ferramentas.

Eis o organigrama do departamento técnico:

CONCLUSÃO

Resumindo, o nosso estudo sobre a implantação e a organização de uma oficina de reparação de camiões diesel consistiu, em primeiro lugar, em identificar um local onde uma oficina pudesse ser instalada, calcular as necessidades de espaço e, se necessário, definir a disposição dos vários edifícios e, em segundo lugar, realizar um estudo organizacional da oficina e propor um organigrama. Para determinar a necessidade de espaço, baseámos a nossa estimativa na população de camiões, com uma projeção de dez (10) anos para garantir a resiliência a longo prazo da oficina.

Após os cálculos, chegámos às seguintes conclusões:

• As necessidades de espaço de trabalho estão estimadas em 448 $m2$;

• As necessidades de espaço para escritórios e exposições estão estimadas em 158 $m2$;

• As necessidades de espaço de armazenamento são igualmente estimadas em 61 $m2$.

Por fim, realizámos também um estudo organizacional que nos permitiu propor um organigrama para a gestão da oficina da seguinte forma: a oficina será dirigida por um diretor-geral, assistido por dois directores, um responsável pelas finanças e o outro pela produção; em seguida, temos os departamentos que, por sua vez, se subdividem em divisões.

BIBLIOGRAFIA

[1]. M. Desbois e L. Marie, la technique de la réparation automobile, Editions FOUCHER - PARIS, Paris, 1961

[2]. Muther, l'implantation rationnelle de l'entreprise, Editions Eyrolles, Paris, 2001.

[3]. M. DESSOIS, R. ARMAO, R. HARTMANN, Technologie Professionnelle Générale Les moteurs Diesel à quatre temps et l'équipement d'injection, Tome III, Les Editions Foucher, Paris, 1998.

[4]. DETROIT DIESEL ALLISON, Manual de Planeamento de Instalações de Distribuidores,

[5]. J. M. LUTUMBA LENGE, Projet d'accroissement de la capacité de production d'eau potable dans la ville de Mbuji-Mayi, 1999-2000, tese de final de curso, Departamento de Engenharia Mecânica, Universidade de Mbuji-Mayi, não publicado.

ÍNDICE DE CONTEÚDOS

Printed by Books on Demand GmbH, Norderstedt / Germany